大马警官

　　生肖小镇负责维持交通秩序的警察，机警敏锐。有一辆多功能警用摩托车，叫闪电车，能变出机械长臂进行救援。

喇叭鼠

　　生肖小镇玩具店的老板，也是交通安全志愿者，有一个神奇的喇叭，一吹就能出现画面。

编 委 会

主 编

刘 艳

编 委

李 君　朱建安

朱弘昊　丛浩哲

乔 靖　苗清青

交警叔叔阿姨送给小朋友的礼物！

图书在版编目(CIP)数据

小兔家的南瓜车 / 葛冰著;赵喻非等绘;公安部道路交通安全研究中心主编. – 北京:研究出版社,2023.7

(交通安全十二生肖系列)

ISBN 978-7-5199-1478-3

Ⅰ.①小… Ⅱ.①葛… ②赵… ③公… Ⅲ.①交通运输安全- 儿童读物 Ⅳ.①X951-49

中国国家版本馆CIP数据核字(2023)第078907号

◆ **特别鸣谢** ◆

湖南省公安厅交警总队

广东省公安厅交警总队

武汉市公安局交警支队

北京交通大学幼儿园

北京市丰台区蒲黄榆第一幼儿园

小兔家的南瓜车（交通安全十二生肖系列）

出版发行: 中国出版集团有限公司 研究出版社	策　　划: 公安部道路交通安全研究中心 银杏叶童书
出 品 人: 赵卜慧	
出版统筹: 丁　波	
责任编辑: 许宁霄	编辑统筹: 文纪子
装帧设计: 姜　楠	助理编辑: 唐一丹
地址: 北京市东城区灯市口大街100号华腾商务楼	邮编: 100006
电话: (010) 64217619　64217652 (发行中心)	
开本: 880毫米×1230毫米　1/24　印张: 18	字数: 300千字
版次: 2023年7月第1版	印次: 2023年7月第1次印刷
印刷: 北京博海升彩色印刷有限公司	经销: 新华书店
ISBN　978-7-5199-1478-3	定价: 384.00元 (全12册)

交通安全十二生肖系列

公安部道路交通安全研究中心　主编

小兔家的南瓜车

葛 冰 著　赵喻非 绘

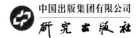

中国出版集团有限公司

研究出版社

小兔卜卜的爸爸妈妈是种蔬菜的能手，他们一家人住在农场，那里种着各种各样的蔬菜，五颜六色。

一天，农场里种出了一个超级大南瓜，
有小货车那么大。

爸爸这是要做什么呢？

"啊，是辆南瓜车！"大家惊呆了，大叫着扑了上去。

　　第二天，卜卜爸爸开着南瓜车要去镇上卖蔬菜，小羊一家也要去镇上赶集。

　　小兔卜卜得意地邀请小羊和羊妈妈一起坐南瓜车。

路上好多小朋友喊："南瓜车！南瓜车！"

小兔卜卜骄傲地探出小脑袋，说："这是我爸爸做的南瓜车，厉害吧！"

指挥中心：危险报告！危险报告！一辆正在行驶的车上有儿童探出身体。

大马警官和喇叭鼠迅速到达
中心大街，拦住了南瓜车。

17

"家长要注意，不要让孩子将头、手伸出车窗外，容易造成剐蹭、碰撞等伤害，这样太危险了！"大马警官说。

卜卜爸爸和卜卜妈妈也吓坏了。

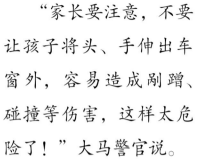

　　告别了大马警官和喇叭鼠，大家都规规矩矩地坐好，
南瓜车继续往集市开去。

集市上可真热闹呀！

23

　　现实生活中，不管是"南瓜车"还是自己动手做的其他车辆都不能上路行驶。另外，蔬菜也不能用来装饰车牌哟。

坐车我有好习惯

坐车我有好习惯，

不把头手伸外面。

外面车多不安全，

碰上树枝很危险。

小朋友们，坐在车里千万不要把头、手伸出车窗外哟！

不要将头和手伸出车窗外

　　家长朋友们，你们是不是也曾见过这样的场景？孩子乘车时从天窗探出身体看风景，或者把头、手伸出车窗外。这些看似开心又刺激的行为，其实十分危险。车辆在行驶过程中，头、手伸出窗外很容易与车外物体发生剐擦和碰撞，故事中南瓜车上的小兔卜卜探出脑袋向外张望，差点被沿途的树木枝丫剐蹭而受伤。

　　在现实生活中，也发生过孩子将身体伸出天窗与限高杆发生碰撞，以及车辆转弯时孩子从车窗跌落至车外的事故，导致严重后果。

　　请家长朋友们一定提醒孩子，乘车时不能将身体的任何部位伸出车窗外。